趣味园艺丛书

苔藓微景观巧制作

高琼◎著

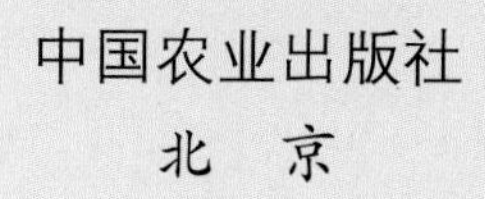
中国农业出版社
北　京

图书在版编目（CIP）数据

苔藓微景观巧制作／高琼著．—北京：中国农业出版社，2022.6

（趣味园艺丛书）

ISBN 978-7-109-25770-2

Ⅰ.①苔…　Ⅱ.①高…　Ⅲ.①苔藓植物-盆景-观赏园艺　Ⅳ.①S688.1

中国版本图书馆CIP数据核字（2019）第158217号

中国农业出版社出版

地址：北京市朝阳区麦子店街18号楼

邮编：100125

责任编辑：石飞华　丁瑞华

版式设计：杜　然　　责任校对：吴丽婷　　责任印制：王　宏

印刷：北京中科印刷有限公司

版次：2022年6月第1版

印次：2022年6月北京第1次印刷

发行：新华书店北京发行所

开本：700mm×1000mm　1/16

印张：7.75

字数：150千字

定价：69.00元

目 录

第一部分　苔藓微景观简介 ……………………… 1

一、了解苔藓 ……………………………… 2
二、苔藓的种类 …………………………… 3
三、苔藓的繁殖 …………………………… 6
四、苔藓的功能 ……………………………10
五、苔藓微景观的起源与发展 ………………10
六、苔藓微景观的组成 ………………………11
七、苔藓微景观的作用 ………………………12

第二部分　苔藓微景观制作准备 ……………………13

一、容器选择 ………………………………14
二、背景植物 ………………………………17
三、栽培基质 ………………………………25
四、装饰配饰 ………………………………29
五、制作工具 ………………………………30

第三部分　苔藓微景观制作方法 ……………………31

一、材料预处理 ……………………………32
二、设计构思 ………………………………33
三、操作流程 ………………………………36

第四部分　苔藓微景观养护 …………………………37

一、日常养护 ………………………………38
二、常见问题 ………………………………39

第五部分　苔藓微景观作品39例 …… 41

【玻璃容器作品】 …… 42

1.听海 …… 42
2.丹顶鹤轻飞过 …… 44
3.鱼儿和叶子 …… 46
4.迷路的起司猫 …… 48
5.丛林小象 …… 50
6.雨中的等待 …… 52
7.秘密花园 …… 54
8.看蚂蚁的小梅 …… 56
9.兔姐妹的悄悄话 …… 58
10.人生若只如初见 …… 60
11.圣诞快乐 …… 62
12.魔力玉米 …… 64
13.鹿慕溪水 …… 66
14.小兔子的蘑菇屋 …… 68
15.女孩和羊 …… 70
16.江上渔者 …… 72
17.相伴到老 …… 74
18.雨后花园 …… 76
19.精灵音乐节 …… 78
20.龙猫花园 …… 80
21.海边一景 …… 82
22.晨游古寺 …… 84

【木质容器作品】 …… 86

23.闲情逸致 …… 86
24.思考的小和尚 …… 88
25.园香柏里 …… 90
26.守护向日葵 …… 92

【陶瓷容器作品】 …… 94

27.花田怪圈 …… 94
28.三生石前定三生 …… 96
29.宁静村庄 …… 98
30.蘑菇精灵 …… 100
31.山脚下，小河边 …… 102
32.子曰："非礼勿视，非礼勿听，非礼勿言，非礼勿动。" …… 104

【塑料或树脂容器作品】 …… 106

33.故乡的红叶 …… 106
34.熊猫看世界 …… 108

【石头容器作品】 …… 110

35.一石独立 …… 110
36.石缝里的绿 …… 112
37.不可说 …… 114

【环保容器作品】 …… 116

38.牵挂 …… 116
39.田间远眺 …… 118

参考文献 …… 120

第一部分

苔藓微景观简介

一、了解苔藓

提到苔藓，我们往往会想到溪边、岩石、小巷墙角、青草石阶、林子里的树干……这些地方的共同特点是背阴、潮湿，很少有阳光直射。

“苔生于地之阴湿处”，古人曾这样描述苔藓；唐代岑参诗句“雨滋苔藓侵阶绿”，杜甫诗句“苔藓蚀尽波涛痕”，均描写了苔藓的生长环境；明代王象晋《群芳谱》中更明确记载“空庭幽室，阴翳无人行，则生苔藓，色既青翠，气复幽香”。然而苔藓并不适宜在阴暗的地方生长，它需要一定的散射光，喜欢潮湿的空气，不耐干旱。

苔藓看起来虽然矮小，但是能进行光合作用，是一种结构简单的绿色高等植物。它不开花，无种子，以孢子繁殖；只有茎和叶，没有真正意义上的根，我们看到的假根只能起固定作用；茎也没有输导组织，只能起一定的支撑作用。

二、苔藓的种类

苔藓植物门包括苔纲、藓纲和角苔纲。全世界苔藓植物有上万种，中国有两千多种。下面介绍常见的一些苔藓种类。

白发藓　白发藓科，白发藓属

特征：密集垫状丛生，灰绿色或灰白色。是微景观中最常用的苔藓种类，常用于微景观生态瓶铺面，也适用于水陆缸或雨林缸。市场上有风干的白发藓，表面苍白，只要将其泡到水里，半小时后便可恢复生机。

养护：不耐高温，喜有半阴的散射光和空气流通的环境，可闷养、半闷养或开放式养护。

大灰藓　灰藓科，灰藓属

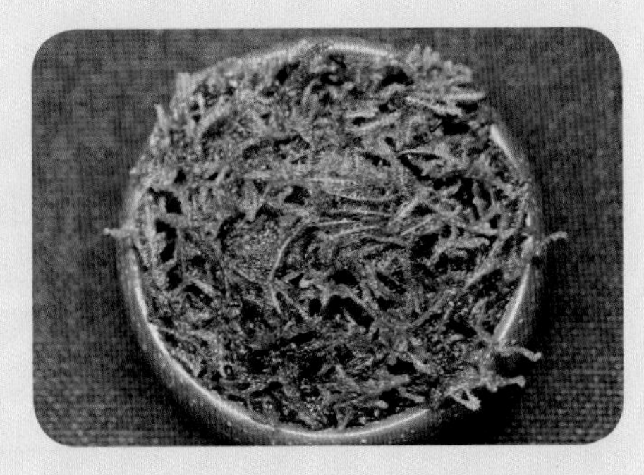

别名：多形灰藓。

特征：体形较大，黄绿色或绿色。茎平铺或倾斜生长。常用于水陆缸、雨林缸等铺面。

养护：不宜过阴，窗口大量散射光最好，可适当照射早晨或傍晚的阳光，忌强光直射。生存能力较强，较耐旱，土壤宜保持一定湿度但不能积水，条件允许可喷雾加湿。

大叶藓　真藓科，大叶藓属

别名：回心草、太阳草。

特征：成片散生于溪边或潮湿林地。茎横生，匍匐伸展。叶片聚生在茎顶端，先端呈波浪状。

养护：避免阳光直射，宜散射光，需较好的通风环境，但不能置于风口。

曲尾藓　曲尾藓科，曲尾藓属

特征：体形中大，疏状丛生，绿色或黄绿色，具光泽。茎直立或倾立，分枝生长。叶片螺旋状着生，披针形。

养护：相对较耐旱，需散射光照射和良好的通风环境。

万年藓　万年藓科，万年藓属

特征：树状，绿色或黄绿色。主茎匍匐伸展，支茎直立生长，下部不分枝，上部密分枝。常在微景观盆景中用作树形植物。

养护：偏好冷凉环境，需散射光，根部有较强的导水能力，是较喜湿的苔藓植物，可闷养。

匍灯藓　提灯藓科，匍灯藓属

特征：疏状丛生，鲜绿色。主茎匍匐交织生长。叶片干时皱缩，潮湿时伸展。常用于雨林缸布置。

养护：喜阴喜湿，一定的散射光即可满足生长需求，可照射清晨微弱的阳光。日常保持苔面湿润，但不可过湿或积水，因为长时间湿漉漉的苔藓，一旦温度调节不善就容易损伤。

凤尾藓　凤尾藓科，凤尾藓属

特征：密集丛生，呈羽状，像凤凰的尾巴，绿色或鲜绿色，是一种观赏性非常高的苔藓。茎直立，单一或稀叉状分枝，基部具假根，可攀附于潮湿的树木或岩石表面，也可转水种植。

养护：需选择保水性好的土壤基质，喜较大的空气湿度，不耐高温，忌阳光直射。

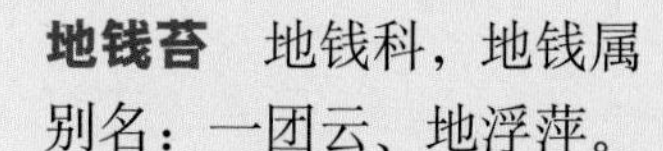

地钱苔　地钱科，地钱属

别名：一团云、地浮萍。

特征：没有真正的根，假根没有吸收功能，只能起固定作用。叶片绿色扁平，小而薄，有六角形气室，室中央有气孔，可进行光合作用，吸收水分及无机盐。适用于水陆缸、雨林缸造景，也可盆栽独赏。

养护：喜阴喜湿，适宜种在有明亮散射光的地方，喜凉爽通风的环境，宜保持土壤湿润而不见明水。

三、苔藓的繁殖

可以通过直接购买或户外采集的苔藓来繁殖。繁殖苔藓所需工具如右图所示。

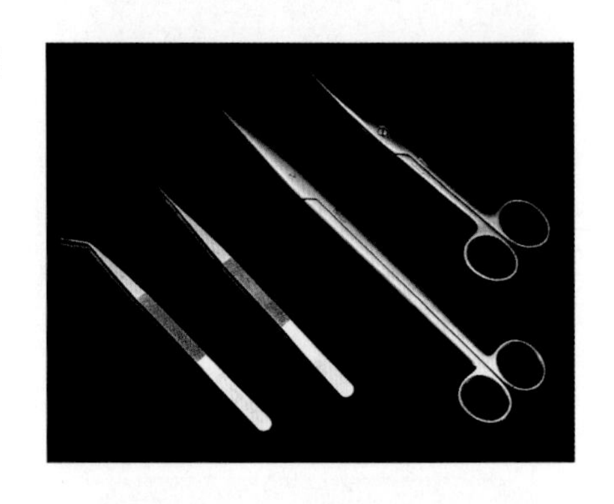

1. 选种

选取新鲜嫩绿、叶片较大的一部分苔藓。如果是野生环境下采集的苔藓，则需要将泥土清洗干净。

2. 播种

将初步处理过的苔藓用剪子剪成小段，越细小越好，有条件的话可以使用榨汁机打碎苔藓。种植苔藓最好选择四面和顶部透光的容器，然后依次将以下材料一次性放入容器内。

（1）火山岩（保水层）。这是一种由火山喷发出的岩浆或者泡沫经大气冷却后形成的石头。它的特点是内外分布有很多孔隙，因而表面积大于其他材质，且质地坚硬，适合硝化细菌的繁殖，有利于保持水质清洁。厚度3 ~ 5厘米为宜。

（2）织物纤维（隔水层）。这是一种呢绒制品，质地绵密且有一定的吸水性。它的作用是充当物理过滤层，阻隔上层水分下降时携带的颗粒土，使最下层的保水层保持水质清澈。

(3) 泥炭土和小颗粒轻石的混合土（土壤层）。泥炭土是一种含有肥力的弱酸性土壤，高品质的泥炭土在加工过程中经过高温处理，去除了大量的细菌，预防了发霉的情况。但由于泥炭土过于细致，使得它的透气性不好，所以我们需要在泥炭土中掺入轻石或河沙一类的物质，增加土壤的透水透气性。厚度2 ~ 3厘米为宜。

(4) 苔藓。将处理过的苔藓与一部分混合土搅拌，越均匀越好。

（5）将混合好的苔藓和泥土平铺在土壤层上。

3. 管理

大部分苔藓生活在空气相对湿度较高的地方，所以我们需要适当地加盖保湿，还需要定期喷水。喷水时，水分被植物和土壤吸收，多余的水分会透过隔水层沉降到保水层中。在每次喷水的间隔期间，保水层中的水分会源源不断地向上蒸腾，使整个容器内部保湿。大多数苔藓是不能用水浸泡的，所以喷水量尽量控制在保水层有些许积水即可。

除了湿度以外，苔藓的生长还需要注意以下几个条件。

（1）光照。包括阳光和灯光。使用太阳照射的优点是节能环保，且阳光有一定的杀菌作用。日出到上午11时前的阳光是最适合苔藓生长的，这时的光照强度适中。缺点是不是所有房间都能做到有东面朝向的窗户，且季节不同，还要适当降温和通风。灯光则可根据不同功率亮度来调整照射距离。其优点是受天气、季节等因素的影响较少。

（2）温度。大多数的苔藓是不能忍受高温的，繁殖容器内的温度最好控制在27℃以下。

（3）通风。苔藓同其他所有生物一样，都需要呼吸，所以换气是必须的。并且由于繁殖容器内部湿度较高，适当地通风换气可以避免细菌和霉菌的滋生。

（4）收获。当容器内部长满苔藓时，我们就可以连带苔藓所连接的土壤一起揭起来，种植在景观内。如景观需要，也可以去除苔藓底部连接的土壤，甚至是苔藓的假根。绝大多数苔藓的根部只是起到固定的作用，所以去除假根不会影响苔藓的生长。

四、苔藓的功能

1. 生态功能

苔藓植物虽然只有假根起固定作用，茎叶也没有输导组织，输水能力较差，但其本身的吸水保水能力很强，是很多维管植物不可比拟的，所以在大自然中能起到保持水土的作用，对改善土壤环境和水循环也有一定作用。

苔藓植物因为结构简单，没有保护层，对有害气体和污染物特别敏感，所以可以作为环境指示植物监测环境；同时还有吸收重金属离子、净化环境的作用。

2. 药用功能

古往今来，苔藓植物的药用价值已有很多记载。目前临床和民间用到的苔藓有五十多种，如金发藓、蛇苔、地钱、大羽藓、黄牛毛藓、葫芦藓、凤尾藓等。因为苔藓的次生代谢产物是一些药物的主要成分，所以苔藓对心脏病、神经衰弱、肝炎、肿瘤、高血压、心绞痛等也有一定疗效。

3. 美化功能

苔藓植物娇小青翠，细腻而有光泽，不易感染病虫害。将苔藓植物与山石、水景、小品建筑、各种植物搭配一起建成庭院景观，可供人们放松休闲。日本有很多苔藓专类园，如京都西芳寺（苔寺）、龙安寺等，采用枯山水的景观设计理念，以苔藓为主题，并与禅宗思想相结合，营造出幽美静雅的园林景观。

五、苔藓微景观的起源与发展

微景观起源于欧美国家，原名为terrarium，直译为玻璃花园或生物育养箱，是将植物种植到玻璃缸或钟形玻璃罩里，最初为了研究植物的生长，后逐渐进入家庭，作为餐桌、茶几等的一种装饰。制作比较粗放、简单，有敞开式和封闭式。苔藓微景观，是在微景观的基础上，融入了枯山水的空间布景模式，将苔藓、植物、石头、沙子、玩偶等配饰经过一定的构思设计，巧妙组合布置到一起，形成一个精致的微缩风景。

这种苔藓微景观可以模仿森林小溪、农家院落、乡野田边、海边城堡，也可以将卡通动漫、游戏电影元素植入其中，体现不同的风格特点，给人一种清新自然、舒适美妙的感觉，深受各类人群喜爱。

六、苔藓微景观的组成

苔藓微景观的构景，主要由容器、底石、水苔、栽培土、植物、苔藓、小饰品、装饰石等几部分组成。

七、苔藓微景观的作用

1. 美化环境，增添雅趣

植物苔藓微景观是苔藓植物、蕨类植物、小绿植，搭配小玩偶、装饰石等，利用美学构图精心组合在一起的微型景观。因为它小巧精致、玲珑可爱，可以置于家中的书桌、餐桌、茶几、卧室等任何地方欣赏，也可以摆放到办公室、商店、图书馆、接待处等公共场合美化环境，让观赏者赏心悦目。

2. 吸收污染，净化空气

很多苔藓植物、蕨类植物可以作为大气环境的指示植物，还有很多小绿植，它们在进行绿化装饰的同时，还能提供氧气，吸收微量三氯乙烯、苯和甲醛等，起到净化空气的作用。

3. 放松身心，愉悦心情

通过自己精心挑选植物、玩偶、配饰，认真构思作品，亲手制作一款独一无二的苔藓微景观，给自己一个舒缓放松的时间，缓解我们的视疲劳，减轻紧张工作带来的精神压力，放松身心，愉悦心情。

第二部分

苔藓微景观制作准备

一、容器选择

苔藓微景观容器的材质、形状、大小、颜色等，要与作品的创作主题相符。可以是透明的玻璃容器、木质盒子、树脂花盆，也可以是一个敞口的陶瓷盆或碗，火山岩、带孔石头等都可以作为微景观的容器，我们甚至可以用饼干盒、洗衣液瓶、饮料桶、餐盒等废弃物自制一些环保的栽培容器。

1. 玻璃容器

透明的玻璃容器是制作苔藓微景观最常用到的容器，它们形状各异、四面可观，能让观赏者从不同的角度欣赏瓶内的风景。玻璃容器可以是圆形、方形、马蹄形、椭圆形等不同的形状，配合绿植、装饰品来展现各种场景。

2. 陶瓷容器

陶瓷盆、缸、碗等也可以用来设计创作微景观作品。和透明的玻璃容器相比，陶瓷容器本身都带有颜色，所以在选择的时候要考虑容器的质地和颜色是否与我们的创作主题相符合，是否与我们搭配的装饰品相协调。

例如红陶碗在使用的时候，如果想搭配一些小房子等装饰，就适合用古朴风格的小茅草屋、小砖房等，而不宜用白色、粉色、绿色等色彩亮丽的现代小房子。

3. 木质容器

木质容器在选用时和陶瓷容器一样，也需要注意容器的颜色。另外这种容器和陶瓷容器有个共同点，即和玻璃容器相比，这些敞口容器中的苔藓植物受空气湿度的影响更大，保湿能力较弱，所以在北方干燥的季节要注意喷水保湿，有条件的可以增加空气湿度。

4. 其他容器

除了一些常用的容器之外，还有些特殊造型的花盆、火山岩、上水石等，都可以作为我们创作的容器。另外，还可以利用一次性餐盒、洗衣液瓶、饮料桶等一些废弃物，自己动手制作独一无二的环保容器。

二、背景植物

制作苔藓微景观，要用背景植物来布置空间，营造自然或人文环境。一般选用和苔藓植物生长习性相近的蕨类植物或其他喜阴小绿植，它们不需要很强的太阳直射光，清晨或傍晚的光照、室内散射光照即可。

（一）蕨类植物

蕨类植物是一类古老而原始的植物，迄今已有3亿多年的生存史，是高等植物中比较低级的一门。它们不开花、不结果，主要依靠孢子繁殖，叶形秀丽、青翠碧绿，大多为土生、石生或附生，少数为湿生或水生，喜阴湿温暖的环境。

现存的蕨类植物约12 000种，在世界各地均有分布，尤以热带、亚热带地区种类繁多。中国有61科，223属，约2 600种，主要分布在华南及西南地区。下面介绍几种常见的蕨类植物。

狼尾蕨 骨碎补科，骨碎补属

又名龙爪蕨、兔脚蕨，是小型附生蕨。原产于热带、亚热带地区，部分寒冷地区也有分布。有根状茎裸露在外，表面有灰粽色鳞片与绒毛，如同狼的尾巴或兔子的脚，因此得名。适宜温度为20 ~ 26℃，高于30℃或低于15℃均生长不良。喜温暖半阴环境，不能用很强的太阳光直射，适合散射光照。适宜的空气湿度为75% ~ 80%，不耐干燥，空气过干时叶片边缘枯黄。盆土应保持湿润，但不能浇水过多。对肥料要求不高，可略施薄肥。

阿波银线蕨 凤尾蕨科，凤尾蕨属

叶形优美，形态潇洒，给人清新舒畅的感觉，是非常流行的观赏蕨类。原产于热带、亚热带地区，甚至寒带地区也能生长。为喜温植物，越冬温度5℃以上。喜半阴，适合室内散射光，不能强光直射。不耐干燥，喜欢较高的空气湿度，北方空气干燥可每天给叶片喷水保持湿度。盆土应保持湿润，浇水宜见干见湿，生长期可施薄肥。

扇叶铁线蕨　铁线蕨科，铁线蕨属

又名过坛龙、乌脚枪，是一种药用植物。分布于我国中南、西南和浙江、江西、福建、台湾等地。喜疏松透水、肥沃的沙壤土。

夏雪银线蕨　凤尾蕨科，凤尾蕨属

又名银脉凤尾蕨、白羽凤尾蕨。原产于热带、亚热带等地区。喜温暖湿润、半阴环境，忌阳光直射，生长适温18～28℃，相对湿度60%～90%。天气干燥时需适当向叶面喷雾增湿，但不能浇水过多。

傅氏蕨　凤尾蕨科，凤尾蕨属

又名傅氏凤尾蕨。喜温暖湿润、半阴环境，忌强光直射，适宜摆放在室内桌面、茶几、窗台或阳台遮阴处。夏季不得高于35℃，冬季不得低于10℃。相对湿度60%～90%，天气干燥时需适当向叶面喷雾增湿。

印度冬青蕨 鳞毛蕨科，复叶耳蕨属

常绿蕨类植物，叶片革质化，深绿色叶子和中脉处有浅黄色的彩斑。喜明亮的散射光，忌阳光直射，喜温暖又耐寒。生长适温13 ~ 22℃，可耐-15℃低温。应保持盆土湿润，但避免盆内积水。天气干燥时可向叶面喷雾，提高空气湿度。

珊瑚蕨 卷柏科，卷柏属

又名草地卷柏、珊瑚卷柏。适宜在相对湿度70%~ 90%、散射光、湿润土壤环境下生长，稍耐寒，能耐-5 ~ 0℃低温。

翠云草 卷柏科，卷柏属

又名龙须、蓝草。中型伏地蔓生蕨，可做吊盆或种植于水井边湿地。姿态秀丽，蓝绿色荧光使人赏心悦目，适宜温度20℃左右，喜温暖湿润的半阴环境。

（二）其他小绿植

除蕨类植物外，微景观中多选用一些矮小的植株，如袖珍椰子、嫣红蔓、竹芋、罗汉松等。这些大部分属于喜温暖、湿润、半阴环境的植物，不耐强光，喜明亮的散射光。

竹芋　竹芋科，竹芋属

原产于美洲热带地区，中国南方栽培较多。喜温暖、湿润、半阴环境，怕强光直射。空气适宜湿度为70%～80%，干燥时新叶伸展不充分，叶片变小，还会出现焦叶、黄边的现象。

双线竹芋

青纹竹芋

椒草　胡椒科，椒草属

广布于热带和亚热带地区，喜温暖、湿润和半阴环境，生长适宜温度为20 ～ 30℃。叶片大小、宽窄变化繁多，叶色有深绿、浅绿、红紫等，可摆放在几架、书桌、办公桌上，优雅别致，净化空气。

红天使椒草

白脉椒草（钻石翡翠）

皱叶椒草

冷水花　荨麻科，冷水花属

多年生草本植物。产于我国广东、广西、湖南、湖北、贵州等地，生于山谷、溪旁、林下阴湿环境。喜温暖、湿润气候，喜疏松肥沃沙土，生长适宜温度为15 ～ 25℃。株型小巧，叶色绿白分明，花纹美丽，在微景观设计中常用来提亮绿色调，适宜设在书房、卧室、办公室等环境。

皱叶冷水花　荨麻科，冷水花属

冷水花的品种之一，多年生常绿草本植物。原产于哥斯达黎加、哥伦比亚。喜半阴多湿环境，喜散射光，忌强光直射，生长适宜温度为15 ～ 25℃，冬季不可低于5℃。叶片有波皱纹理，叶脉棕色凸起，极具观赏价值，适宜摆放在客厅、书房、卧室、办公室等场所。

心叶常春藤　五加科，常春藤属

常绿藤本植物。原产于北非、欧洲、亚洲亚热带或温带地区。茎软且有许多气生根，可以攀附到其他植物或物体上，叶片较小、心形。适宜温度20～25℃，喜阳光充足的散射光，避免强光直射，夏天温度高、空气干燥时需适当多浇水。

花叶络石　夹竹桃科，络石属

常绿木质藤蔓植物。喜光、耐阴，喜空气湿度较大、排水良好、疏松肥沃的酸性至中性土壤环境。叶片革质，同一株上叶片有红、粉红、纯白、绿、白绿相间等颜色，看起来像一簇盛开的花朵，色彩斑斓，极具观赏价值。艳丽的叶色和充足的光照、适宜的环境相关，可置于阳台、窗台、茶几、书桌等场所，也是微景观很好的造景植物。

迷你罗汉松　罗汉松科，罗汉松属

原产于中国、日本。喜温暖、湿润、半阴环境，适应性很强，喜疏松、肥沃和排水良好的沙质土。四季常青、叶片油亮，适宜放在客厅、卧室等通风处，喜散射光，忌阳光直射。广东地区民间素有“家有罗汉松，世世不受穷”的说法。

袖珍椰子 棕榈科，袖珍椰子属

又名矮生椰子、袖珍棕。原产于墨西哥和危地马拉，喜温暖、湿润和半阴环境。植株小巧别致，叶色浓绿光亮，株形优美，整株如伞，用于微景观制作中，可呈现热带风情、丛林景象，给人一种生机盎然的蓬勃之感。既可以装饰空间，又有很好的净化空气作用。

网纹草 爵床科，网纹草

多年生常绿草本植物。原产于南美洲热带地区，中国引种栽培。喜高温多湿和半阴环境，忌强光直射。植株低矮，叶片上叶脉纵横交替形成网状，叶片及叶脉颜色丰富，是微景观常用的低矮造景植物。

嫣红蔓　爵床科，枪刀药属

又名红点草、鹃泪草。多年生常绿草本植物。原产于马达加斯加。叶面橄榄绿色，布满粉红色或白色斑点。喜温暖湿润及半阴的环境，不耐寒，适温20～30℃，越冬温度需12℃以上。株形小巧、叶色斑斓，春季开白色或淡紫色小花，适宜摆放在书桌、茶几、办公桌上，也是微景观常用的背景植物。

三、栽培基质

苔藓微景观的基质可分为四大类：储水层、缓冲层、种植层、装饰层。

储水层

一般采用吸水性好的大颗粒物质，铺设到容器的最底层，有一定的映衬和美化作用，但最主要的作用是将多余的水渗透到容器底部，防止植物烂根。常用的垫底基质有轻石、火山岩等。

轻石：是一种轻质的玻璃质酸性火山喷出岩，相对较小，能浮于水面，表面粗糙且有很多气孔，具有良好的吸水功能。在园艺种植中常用作透气保水材料及土壤疏松剂。

轻　石

火山岩

火山岩：天然呈蜂窝状，多孔，吸水性好。暗红色的火山岩有一定的装饰作用。

缓冲层

也叫隔离层，铺到储水层的上面，通常采用干水苔。干水苔是生长在潮湿地的苔藓类植物，经干燥、灭菌制作成的，特点是通气、保水。在制作微景观时主要起到过滤水分、防止营养土下渗的作用，另外吸饱了水的水苔也能存储足够的水量，必要时维持微景观植物的生长。

干水苔

营养土

种植层

即种植土、营养土，铺到干水苔上面，用来种植植物。营养土可以在市场买已经配制好的，也可以自己拌土。通常采用泥炭土、蛭石、珍珠岩、赤玉土、鹿沼土等，根据一定的比例混合在一起使用。

泥炭土：是沼泽发育过程中的产物，含有大量水分和未被彻底分解的植物残体、腐殖质以及一部分矿物质，是特别好的栽培基质。

泥炭土

蛭 石

蛭石：是一种天然、无毒、在高温作用下会膨胀的矿物质。由于其具有良好的阳离子交换性和吸附性，可储水保墒，提高土壤的透气性和含水性。蛭石还可向作物提供自身含有的钾、镁、钙、铁以及微量的锰、铜、锌等元素。

珍珠岩：是一种由火山喷发的酸性熔岩经急剧冷却形成的玻璃质岩石。质轻。珍珠岩通常会与泥炭土、蛭石混合使用，增加基质的透气性。

珍珠岩

赤玉土：由火山灰堆积而成的暗红色圆状颗粒。一般由日本进口。具有一定蓄水和排水作用，利于根部生长。大粒赤玉土可用作铺面或垫底，小粒赤玉土一般按比例与其他基质混合做栽培土。

赤玉土

鹿沼土

鹿沼土：由下层火山土生产，呈酸性，具有很好的通气性和蓄水力，一般与泥炭土、赤玉土等其他基质混合使用。

装饰层

微景观最上面一层铺面，一般选用颜色亮丽的彩沙或小石子，来营造海洋、河流、小路、沙滩等景观。

黄石子

蓝　沙

四、装饰配饰

苔藓微景观的最后一步，通常是放置合适的配饰进行装饰，来突出作品的主题。这些装饰物可以是当一个作品完成之后选取合适的玩偶、石块来点缀；可以是围绕某个主题或节日提前选定装饰物；也可以就某个卡通玩偶或一块沉木而进行创作。

通常用到的配饰有沉木、石块、石子、小建筑、小动物、卡通人偶等。

五、制作工具

苔藓微景观的制作工具包括一次性桌布、手套、沙勺、镊子、长嘴壶、喷雾壶、长镊子等。

第三部分

苔藓微景观制作方法

一、材料预处理

制作苔藓微景观之前要先做好准备工作，将容器、基质、干水苔、绿植、苔藓等处理干净。

容器

玻璃容器如果是新的干净的，可以直接使用；如果之前使用过，一定要先将瓶子内外刷洗干净。如果瓶子上留有水渍，可以先用洗涤灵或白醋清洗，冲洗干净后将容器内外壁擦拭干净再使用，确保制作好的景观瓶整洁精致。

基质

如果购买配好的营养土，可直接使用，无需处理；也可自己配制营养土，按泥炭土：蛭石：珍珠岩为2 ： 2 ： 1的比例混合均匀。一般市场卖的基质都经过消毒处理，不需再进行药物消毒。

干水苔

干水苔可提前浸泡吸水，并清理杂质。也可不做处理，使用过程中铺好后再喷水亦可。

绿植

根据所要创作的主题挑选植物，并将老叶、病叶去掉备用。

注意不要提前给植物喷水，否则制作时容易将容器弄脏，不易操作。

苔藓

苔藓的种类很多，用不同种类的苔藓来制作微景观可以体现不一样的效果。可以从山上背阴处、潮湿的水沟边采集苔藓直接使用；也可从市场或网上购买，一般使用白发藓较多。如果白发藓过干、颜色发白，可将苔藓浸泡半小时使其吸水。吸饱水的苔藓颜色翠绿，用镊子去掉变黑变黄的部分备用。

二、设计构思

1. 设计主题

微景观初学者可能不太重视作品的主题，随手拿来一个容器、几株植物就能拼凑一个作品，做好之后再挑选几个玩偶或房子来装饰，这样完全可以。但是想做一个更加精美、观赏价值高的微景观作品，首先应该确定一个主题。接下来你所选的容器、植物、配饰，作品从整体到局部，都应围绕这个主题。

在创作过程中一般有两种情况：一是先确定一个主题，比如海洋、森林、圣诞、冰雪等，再选择合适的容器、植物、配饰围绕这个主题进行创作。另一种情况是根据现有的材料进行构思设计，自由创作，但最终要体现一个主题，最好给你的作品取一个恰当的应景的名字。

2. 设计要点

色彩搭配

一个苔藓微景观作品摆放在我们面前，首先映入眼帘的应该是它的色彩，也就是说，色彩往往是微景观作品给人的第一印象。虽然它不及一盆组合盆栽、多肉植物或者一个花艺作品的色彩鲜艳，但不同植物之间也有一定的颜色变化，我们在设计微景观作品时，要考虑植物、容器、配饰等色彩的搭配。

对比色配色：即互补色配色。色环上相隔180°相对位置的两个颜色的组合。如红—绿、橙—蓝、黄—紫。对比色的色彩对比很强烈，鲜明生动。在常用的植物里，我们经常会用到红—绿的对比色，大部分植物叶片都是绿色，有些偏红色的植物，如绯云网纹草、森林火焰网纹草等，和一些红色的配饰物搭配一起，形成红与绿的色彩对比。因为互补色之间对比特别强烈，所以想要适当应用，必须考虑二者之间的比例，利用大面积的一种颜色与另一种面积较小的互补色来达到平衡。如果两种颜色比例相同，过于强烈，会让人不舒服。

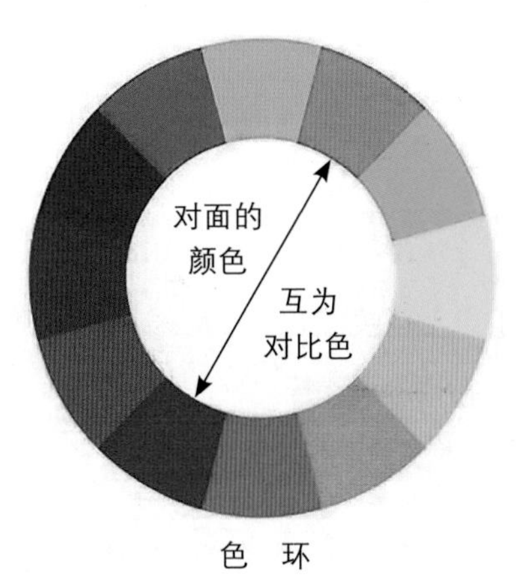

色　环

橙色的植物和蓝色的容器，黄色植物和紫色植物也形成了对比色。

单色系配色：作品单用一种颜色，但在色彩上有深浅及明暗程度的变化，如红色系的粉红、大红、深红、暗红色；绿色系的黄绿、嫩绿、草绿、深绿色等，表现浓淡层次的调和美。如金丝雀蕨、红艳网纹草、彩叶芋、阿波线蕨、常春藤等，虽然都是绿色，但深浅明暗不同，搭配出来颜色层次也很丰富。

容器选择

容器也是苔藓微景观作品设计时需要考虑的因素，因为它和植物、装饰物构成一个整体。

玻璃容器四面可观，而且栽植绿植、苔藓更能保湿，因而最常用。除了玻璃容器，我们也可以根据要展现的主题选取木盒、陶瓷盆等。只要颜色、质感和主题相符，各种容器都可以选择。

植物布景

苔藓微景观的背景植物布景时要注意主次分明、高低错落。

“主次分明”是指我们在选择植物时，大部分情况都会选择一株或几株主要植物作为重点。这些植物和其他植物相比，株形较高，位置较为醒目，突出“主”的特点；而其他所谓“次”的植物，株形稍矮，起到陪衬和辅助的效果。株形较高的植物一般会选择双线竹芋、袖珍椰子、红叶石楠、文竹、阿波线蕨等，作为主要背景植物；辅助它们的经常会用到一些低矮的网纹草、翠云草、卷柏等。

“高低错落”即栽植植物时要注意植物及装饰物的大小比例关系，前后左右高低错落，不要太过拥挤，给每棵植物留一定的生长空间，整个造景看起来自然协调，如同自然界的一处小景。较高的植物有袖珍椰子、阿波线蕨、文竹、竹芋等，中等高植物有紫叶椒草、冷水花、花叶络石、嫣红蔓等，低矮植物有网纹草、金丝雀蕨、翠云草等。但这些植物的高低分类并不是绝对的，同样的植物，如紫叶椒草、罗汉松等，植株本身也有大小之分，所以植物的高低并不是绝对的，要看植物本身生长情况及作品的大小来确定。

三、操作流程

1. 铺底层

轻石层：由于玻璃容器或木盒底部没有小孔，所以在最下面铺轻石或火山岩作为底部透气渗水层。轻石层的厚度视容器高度而定，不宜铺太厚。

水苔层：铺水苔的作用是隔离和缓冲，防止上层营养土因浇水而深渗入轻石层，同时也能隔离下面的存水，并且在土层干燥时可缓慢向上供水。干水苔可提前半小时浸水，撕成小块铺在轻石上。

营养土层：将配制好的营养土取适量铺在水苔上，根据需要平铺或者做成坡面。

2. 种背景植物

根据设计栽入植物，一般按照从后往前或从里向外的顺序依次栽植。容器过深或瓶口过小时，可用镊子夹着植物根部栽种，尽可能一次栽好，不随便移动。种植时一般前低后高，避免遮挡，植物安排层次分明、疏密有致、色彩协调。植物之间不要太过拥挤，保留一定的生长空间。

3. 铺苔藓

苔藓可以边种植物边铺设，也可以种完植物最后铺，具体要根据作品的设计来定。将苔藓清理干净，可根据植物间预留的位置分成小块，填充植物间的“空地”。铺苔藓时一定要将苔藓底部和土层贴合在一起。操作中还要注意按照构思预留好铺设河沙或放玩偶的位置。

4. 铺装饰层

铺完苔藓后，在预留的地方铺沙子或小石子，营造出小溪、沙滩、小路等场景，注意苔藓与沙石之间的衔接处要自然。

5. 浇水或喷水

植物和苔藓都种植完成后，用长嘴挤压瓶给每株植物根部浇适量的水，为植物叶片和苔藓均匀喷水。可根据底层轻石的颜色变化判断浇水量，注意底部不要积水太多。喷水最好用纯净水，擦拭容器内外壁上的水珠使作品干净美观。

6. 放摆件

最后把玩偶、房子、小桥等摆件放到合适的位置，突出作品的主题，增加意境和情趣。

第四部分

苔藓微景观养护

一、日常养护

温度

苔藓微景观适宜的生长温度为20 ~ 28℃，在一般的室内环境下都能正常生长，低于10℃停止生长，低于5℃很多绿植会发生冻害，苔藓低温会休眠保护。

光照

制作微景观用的植物一般都是喜阴的小绿植或蕨类植物，包括苔藓，都不喜欢强光照射，所以室内的自然散射光即可。清晨或傍晚的柔和阳光，可以直接照射，也可起到杀菌的作用。

湿度

苔藓和蕨类植物喜欢较大的空气湿度，但不喜欢土壤湿度过大，否则积水容易烂根、发霉。浇水时使营养土变湿润，底部轻石变色但瓶底不积水或有少量水为宜。

可每天喷水2 ~ 3次，增大容器内湿度。浇水或喷水应使用纯净水。带盖的容器可保持较高的湿度，不需每天喷水。不带盖的微景观如果要离开数日，可用保鲜膜封住瓶口保持瓶内的空气湿度。

空气

苔藓微景观适合闷养，有助于保持瓶内环境潮湿，但最好每天开盖1 ~ 2小时通风换气。如果是无盖的容器，注意不要长期放在有风的位置。

二、常见问题

苔藓发白发黄

原因一：环境过于干燥或温度过高，苔藓会迅速失水，导致颜色变白或变黄。

解决方法：不要马上浇很多水，可增加空气的湿度，闷养一段时间即可缓和。

原因二：水碱。即水垢，主要成分为碳酸钙和氢氧化镁。如果用自来水浇水或喷水，会在植物或苔藓上残留不溶于水的水碱，使表面发白，长期用自来水对植物不利。

解决方法：一般要用纯净水浇水或喷水。

原因三：长时间暴晒或长期处于阴暗无光环境，苔藓易变黄变白。

解决方法：将其放到有散射光的位置，增加空气湿度，闷养一段时间。

原因四：浇水过多，苔藓因为长期泡水而无氧呼吸也能变黄，甚至开始腐烂。

解决方法：开盖通风，减少喷水，利用清晨或傍晚的阳光直射杀菌。

苔藓发黑

原因：基质中水分过多，苔藓长期浸泡在水中导致腐烂变黑。

解决方法：苔藓喜欢潮湿的环境，而并非土壤潮湿甚至积水。应增加通风时间，减少浇水次数。但一般变黑了很难恢复，可以将变黑的苔藓用新苔藓更换。

植物或苔藓长白丝发霉

原因：闷养的苔藓微景观中会出现这种情况，主要是因为瓶内闷湿，易滋生霉菌。

解决方法：闷养的苔藓微景观每天要开盖通风1 ～ 2小时，将已经长白丝发霉的叶片或苔藓部分去除，增加通风时间，降低喷水频率，利用清晨或傍晚的阳光直射杀菌。

第五部分

苔藓微景观作品39例

【玻璃容器作品】

1.听海

第一眼看到这个海螺造型的玻璃瓶，厚重的质感，让人不禁想把它凑到耳边，倾听大海的声音……由此得来灵感，用蓝沙营造海面，粗粒黄沙石子和白沙自然呈现沙滩的感觉，青翠的树林、粉色的灌木，一艘渔船停靠岸边，海岸上红色的海星给作品带来俏皮的点缀。

容器：玻璃海螺

基质：轻石、干水苔、营养土、苔藓

铺面：粗粒黄沙石子、粗粒蓝沙、细蓝沙、细白沙、小海星、小船

植物：狼尾蕨、粉安妮网纹草、丛林网纹草、金色雀蕨

操作步骤：

①准备好海螺容器，在最里面铺粗粒蓝沙，靠近瓶口处铺轻石。在轻石上面铺一层干水苔，并用喷水壶将干水苔喷湿，再将润湿的水苔均匀压实。

②用小铲子将营养土铺在水苔的上面，要注意不要将土撒到后面的粗粒蓝沙上面。在靠近瓶口的右侧种一小株狼尾蕨，使植株顶部朝外，高于瓶口。

③用镊子从网纹草花盆里轻轻夹出一小株粉安妮网纹草，在狼尾蕨的外侧，贴着瓶壁栽植。在瓶壁两侧栽种金丝雀蕨，一棵紧贴左侧瓶壁，一棵贴着右侧植物。

④用镊子将栽培土拨向两侧，轻轻压实，形成两侧稍高、中间稍低的土面。在瓶口两边分别用小棵的狼尾蕨、丛林网纹草补充空隙。

⑤用勺子小心地将浅色的细蓝沙送到容器最里面，均匀地铺到粗粒蓝沙上面，体现海面的特征。

⑥在浅色细蓝沙上面再撒一些深色细蓝沙，并用镊子轻轻拨动出层次，营造大海深邃的感觉；再撒少量的细白沙。深浅不一的蓝白细沙交错，能更好地将海面波光粼粼的感觉呈现出来。

⑦将裸露的营养土用粗粒黄沙石子铺面。黄石子表面撒一些细白沙，注意不要撒太多太厚，否则不自然。

⑧给植物用挤压尖嘴壶浇适量水，并用小船、小海星摆件点缀，作品完成。

2. 丹顶鹤轻飞过

“走过那条小河
你可曾听说
有一位女孩
她曾经来过……”

这个真实的故事虽已过去三十多年，丹顶鹤轻飞过，仿佛还在诉说着这凄婉美丽的故事……

容器：玻璃器皿
基质：轻石、干水苔、营养土、苔藓
铺面：粗粒蓝沙、鹅卵石、小仙鹤
植物：黄金络石、粉安妮网纹草、白天使网纹草

操作步骤：

①准备容器，在底部均匀铺一层轻石。

②在轻石上面铺一层干水苔，并喷水，再将水苔压实。

③一手拿塑料花盆轻捏，使盆内土壤松动，另一手拿黄金络石的植株底部，轻轻将植株取出，去掉干枯的叶片，仔细将植株根部分出需要的部分，如果根部过长，可以用剪刀稍加修剪。

④将分株好的黄金络石栽植到容器的后面，靠壁栽植。在黄金络石的一边栽种白天使网纹草，接着在靠前一点的地方，左右两侧栽种粉色的网纹草。

⑤取出苔藓，用镊子将表面变黄变黑的部分去除并喷湿。

⑥将准备好的苔藓紧靠植物，铺到栽培土上。苔藓铺完后用手或镊子上端轻轻按压使之和营养土紧密接触。

⑦用粗粒蓝沙将剩余的营养土铺满，并用小仙鹤摆件装饰。

⑧用吹气壶将植物上的营养土吹掉，并给栽植的植物浇少量水，作品完成。

3. 鱼儿和叶子

这两款小巧的玻璃容器，小鱼和叶子造型，我们可以用简单的一两株植物将其装扮成美妙的童话世界。放在小书桌上，学习之余把玩增趣。

鱼儿

容器：小鱼造型玻璃容器

基质：干水苔、营养土

铺面：苔藓、小女孩

植物：心叶常春藤、红艳网纹草

操作步骤：

①准备小鱼造型容器。

②将一株心叶常春藤根部用浸湿的干水苔包裹后，贴着鱼尾一边固定在容器底部。因为常春藤可以水培，所以不需要营养土也可以生长。

③在容器前方铺薄层营养土，鱼头右侧并排种植两株红艳网纹草，并在空白处用苔藓铺满。给植株浇少量水，并用红衣小女孩玩偶装饰，作品完成。

叶子

容器：叶子造型玻璃容器

基质：粗粒黄沙石子、干水苔、营养土

铺面：粗粒黄沙石子、白沙、苔藓、小栅栏、小猫咪篮子

植物：心叶常春藤、红艳网纹草、花叶络石、绿地珊瑚蕨

操作步骤：

①准备叶子造型容器，底层铺粗粒黄沙石子，第二层铺浸湿的干水苔，最上面铺营养土。

②在容器一角栽植心叶常春藤，依次再靠容器两边栽植花叶络石。

③用粉色小栅栏将花叶络石围起来，并随意栽植红艳网纹草。

④容器另一角栽植一小丛绿地珊瑚蕨，并在植株下面沿容器边铺苔藓。

⑤在中间裸露的营养土上铺粗粒黄沙石子，常春藤下露土的地方用白沙覆盖。

⑥浇水并用小猫咪篮子摆件装饰，作品完成。

4. 迷路的起司猫

精力十足调皮捣蛋的虎斑猫小起，和妈妈第一次去散步就走丢了。找不到家的小猫又饿又困又害怕，躲在草丛里直哆嗦……

容器：圆锥形直高玻璃容器

基质：轻石、干水苔、营养土

铺面：苔藓、粗粒黄沙石子、小栅栏、小起司猫、小石块

植物：洒金木、紫叶椒草、绯云网纹草、粉安妮网纹草

操作步骤：

①准备好玻璃容器和长镊子，因为容器口比较高且细，手伸不进去，只能借助长镊子来操作。

②在瓶子底部铺一层轻石、浸湿的干水苔，用镊子将水苔轻轻压实，再用小铲子铺一层营养土，使土层前低后高。

③贴着瓶壁后方，用镊子依次植入紫叶椒草、洒金木，两株植物靠近栽植。

④在两株植物的前面分别栽种绯云网纹草、粉安妮网纹草，并用苔藓铺面。铺苔藓时可将苔藓分成小块，有层次地摆放，这样看起来前后左右高低分明。

⑤铺苔藓时要在瓶子前面留一些空白，再用小石块随意点缀。

⑥用粗粒黄沙石子装饰裸露的营养土，并用小栅栏装饰，摆放小起司猫摆件，作品完成。

注意：干水苔既可以干铺然后喷湿，也可以提前在水盆里浸湿再铺到轻石上面，因为此款容器壁过高，不便喷水，所以我们采用先浸湿再铺设的方法。

5. 丛林小象

美丽的清晨，淡淡的雾气在树林间慢慢穿行，阳光透过薄雾，温柔地洒下来；晨风微微吹过，一颗颗晶莹透亮的露珠，顺着叶子滑落，欢快地跳跃。可爱的小象们晃晃悠悠穿梭于茂密的丛林、草地、小溪间觅食玩耍。这里是他们的乐园，繁衍生息，自在生活……

容器：带盖玻璃瓶

基质：火山岩、干水苔、营养土

铺面：苔藓、粗粒黄沙石子、小象

植物：狼尾蕨、绿地珊瑚蕨、嫣白蔓、绯云网纹草、丛林网纹草、白天使网纹草

操作步骤：

①准备好容器，在瓶底铺一层火山岩，上面铺浸湿的干水苔，再用营养土覆盖。

②用镊子沿着瓶壁后侧栽种狼尾蕨。

③在狼尾蕨的一侧，靠近瓶壁栽植绿地珊瑚蕨。

④在绿地珊瑚蕨和狼尾蕨的中间空白处，栽植嫣白蔓，这样既有深绿和浅绿的颜色对比，又有高、中、低的层次错落感。另一侧贴着瓶壁栽种小棵的绯云网纹草和白天使网纹草，深绿、浅绿、红、白植物相间，使作品更加活泼。

⑤在营养土的空白处铺苔藓，铺完也可根据需要添加植物。此例在小块苔藓之间添种一小株丛林网纹草。

⑥用镊子摆放小象摆件，用弯嘴挤压壶给植株浇少量水，注意观察下面火山岩，不要积水过多。最后将瓶子内外壁擦拭干净，作品完成。

注意：这种带软木塞的容器，形成了一个相对封闭的环境，虽然闷闭环境下能保证瓶内的较高湿度，但是有些植物比如作品里的绿地珊瑚蕨，由于它的叶片有很多缝隙，能聚集很多水分，如果长期闷着罐子不打开通风，容易发生叶片积水腐烂的情况。所以这种带盖的容器，要注意每天适当开盖透气。

6. 雨中的等待

一个下雨的傍晚，古朴宁静的村庄，披着雨衣的小姑娘，站在路灯下焦急地望着远方，等待着家人归来……

容器：带盖玻璃瓶
基质：轻石、干水苔、营养土
铺面：苔藓、鹿沼土、雨衣小梅、小瓢虫
植物：狼尾蕨、嫣白蔓、绯云网纹草、红艳网纹草

操作步骤：

①准备好玻璃容器，和作品5的规格一样，是一款带软木塞的圆柱形玻璃瓶。瓶塞的里面用双面胶固定一个带电池的LED灯，可以给瓶子内补光，增加观赏乐趣。

②在容器底部依次铺轻石、浸湿的干水苔、营养土，营养土前低后高，形成坡面。

③用镊子靠近容器的后面栽植嫣白蔓。

④小心将狼尾蕨分株，用镊子栽植到嫣白蔓的另一侧，在狼尾蕨的前方栽植两小株绯云网纹草，并随意摆放一个小石块，随着后期的布局安排，小石块的位置可进行不断调整。

⑤在嫣白蔓的前方栽植绯云网纹草和红艳网纹草，并在前面空白的营养土两侧铺苔藓，注意留出小路的位置。

⑥容器后侧狼尾蕨和嫣白蔓中间的空白处也铺满苔藓。

⑦将容器前面空白处用鹿沼土或者小石子铺设小路，从容器两侧紧贴瓶壁，一直延伸到后面的苔藓处。

⑧摆放雨衣小梅玩偶，粘贴小瓢虫，给容器内植株浇少量水，并用喷壶喷雾，将瓶壁内侧水珠擦拭干净，作品完成。夜晚开灯之后的效果更是别样。

7. 秘密花园

如果你悄悄地在路边埋下一粒种子，当它发出小小的嫩芽，那就是暗号和通往这座秘密花园的通行证，开始奇妙的冒险吧！

如果在下雨天的车站看到有被淋湿的妖怪，那就借给它一把伞，得到这座秘密花园的通行证，打开魔法之门吧！

只有小孩子才可以来这里，和龙猫来一次奇妙的相遇吧！

容器：圆柱玻璃缸

基质：火山岩、干水苔、营养土

铺面：苔藓、粗粒黄沙石子、粗粒蓝沙、细白沙、小石块、小蘑菇、小龙猫、小瓢虫

植物：金心吊兰、阿波线蕨、白天使网纹草、红艳网纹草、花叶络石

操作步骤：

①准备容器，依次往容器底部铺入火山岩、浸湿的干水苔、营养土，土层做成前低后高的坡面。

②在容器的后方栽植金心吊兰。

③在吊兰的一侧栽植阿波线蕨，选择阿波线蕨是因为它和吊兰的叶子都呈发散状，但植株比吊兰略低，形成既形态统一又高低错落的层次对比，再加上两种植物的颜色深浅不一，搭配起来更显活泼。

④在阿波线蕨的前面栽植白天使网纹草、红艳网纹草，另一侧靠着吊兰，栽两株低矮的花叶络石。

⑤在前面空白的营养土上铺设苔藓，中间留出做瀑布的位置。

⑥沿着营养土的坡度，从上往下先铺一层粗粒黄沙石子打底，再铺一层粗粒蓝沙，蓝沙上面撒一些细白沙，营造出瀑布水流的感觉。随意放两个小石块更显自然。

⑦添加小龙猫、小蘑菇、小瓢虫等摆件装饰作品，再浇水、喷雾、擦拭瓶壁，作品完成。

8.看蚂蚁的小梅

小梅穿过丛林密道，来到石子路上，看到蚂蚁们排着队经过，好奇地蹲在地上看着小蚂蚁。

容器：双开口玻璃球容器

基质：轻石、干水苔、营养土

铺面：苔藓、粗粒黄沙石子、石阶、小梅、蘑菇房子

植物：白脉椒草、夏雪银线蕨、红艳网纹草、白天使网纹草

操作步骤：

①准备好玻璃球容器，大口朝前，小口向后。用小铲子在最底层铺一层轻石，上面铺浸湿的干水苔并用镊子压实，再铺营养土。

②用镊子将一小株白脉椒草靠后栽植于容器内，过长的茎叶从小口里自然伸出。

③紧靠白脉椒草栽种小株的夏雪银线蕨，再用白天使网纹草、红艳网纹草点缀，使植株高低相间。

④背景植物栽植好后，在前面放置白色石阶，并用镊子在石阶两侧铺苔藓，注意预留出石子路的空间。

⑤裸露的营养土用粗粒黄沙石子覆盖形成石子路，路上摆放小梅玩偶，苔藓上靠近瓶壁放置蘑菇房子，作品完成。

9.兔姐妹的悄悄话

雨后的山坡上，空气中弥漫着香甜的气息，青草喝足了雨水变得青翠嫩绿，一棵红叶树下，两个兔姐妹在嘀咕着什么悄悄话呢？

容器：玻璃容器
基质：火山岩、干水苔、营养土
铺面：苔藓、小石块、小兔子
植物：如意皇后、花叶络石、绯云网纹草、夏莲网纹草、绿地珊瑚蕨

操作步骤：

①准备容器，底层铺火山岩，上面铺浸湿的干水苔，并覆营养土，营养土前低后高，形成一个小坡。

②在容器后侧土坡的最高处，紧贴容器口栽植一株如意皇后。

③在如意皇后的一边栽植花叶络石，另一边种植一小株夏雪银线蕨。

④容器的前方，在花叶络石前栽植一小丛绿地珊瑚蕨。

⑤用苔藓覆盖前面小土坡，并在中间留些空白。

⑥在裸露的营养土里栽植绯云网纹草、夏莲网纹草，并用小石块点缀。

⑦给植株浇水喷雾，摆放小兔子摆件，作品完成。

10. 人生若只如初见

哆啦A梦陪了大雄80年，
在大雄临死前，
他对哆啦A梦说："我走之后你就回到属于你的地方吧！"
哆啦A梦同意了！
大雄死后…
哆啦A梦用时光机回到了80年前，
对小时候的大雄说："大雄你好，我叫哆啦A梦。"

容器：几何体玻璃容器
基质：干水苔、营养土
铺面：苔藓、粗粒黄沙石子、小石块、小房子、哆啦A梦
植物：夏雪银线蕨、粉安妮网纹草、白天使网纹草、绯云网纹草、红艳网纹草、嫣红蔓、紫叶椒草

操作步骤：

①准备几何体玻璃容器，这种容器是由玻璃与金属支架组合而成，看似棱角分明，但可以摆放在桌子上。因为是纯手工制作，价格比一般玻璃容器要高。

②在容器底部铺浸湿的干水苔，再铺营养土。

③在容器的一侧，贴着瓶壁栽植夏雪铁线蕨，植株周围栽植粉安妮网纹草、白天使网纹草。

④容器另一边贴壁栽植一株嫣红蔓、绯云网纹草。

⑤在中间的营养土上铺两块苔藓，右侧靠近开口处栽一株紫叶椒草。

⑥用粗粒黄沙石子、小石块装饰裸露的营养土，包括容器后侧的地方。在填充过程中，可根据需要用小棵的红艳网纹草来补充。

⑦给栽植的植株浇水、喷雾，擦拭瓶壁，摆放哆啦A梦、小房子等摆件，作品完成。

11. 圣诞快乐

圣诞节到了，周围一片白雪皑皑，小熊猫和小熊戴上圣诞帽，穿成了圣诞老人的样子，计划着为其他的小动物送去礼物。

树木泛了绿，冬天来了，春天还会远吗？

容器：几何体玻璃容器

基质：轻石、干水苔、营养土

铺面：苔藓、白沙、小栅栏、圣诞玩偶等

植物：夏雪银线蕨、阿波线蕨、金丝雀蕨、绯云网纹草、白天使网纹草、紫叶椒草

操作步骤：

①准备好几何体玻璃容器，靠后铺一层轻石，上面铺干水苔，并用水壶喷湿，用镊子压实后，再铺一层营养土。

②靠近容器左侧靠里栽植夏雪银线蕨、金丝雀蕨，两株中等高度的植株。再靠近容器右侧，贴壁栽植较高的阿波线蕨。

③靠着后面的背景植物，在前面栽植绯云网纹草、紫叶椒草。

④从容器的最里端开始铺苔藓，贴着容器壁，将四周裸露的营养土覆盖，并用镊子压实，使苔藓和营养土完全贴合。

⑤铺苔藓的过程中，用小栅栏点缀空间，注意最前面的营养土不要铺满，要适当留白，为铺路留出空间。用白沙覆盖裸露的营养土，制作出道路。

⑥给植株浇水喷雾，擦拭玻璃水珠，摆放玩偶等摆件，作品完成。

12.魔力玉米

可爱的小梅深信，妈妈吃了奶奶种的玉米就会康复回家，她抱着玉米想送给住院的妈妈。天色渐晚，穿过丛林，走过石阶，忽然发现自己迷路了。姐姐能找到她吗？她能把玉米送给妈妈吗？

容器：带盖宽肚玻璃容器

基质：火山岩、干水苔、营养土

铺面：苔藓、粗粒黄沙石子、小石块、抱玉米的小梅

植物：紫叶椒草、白天使网纹草、阿波线蕨、绯云网纹草

操作步骤：

①准备容器，底层铺火山岩，上面铺浸湿的干水苔，并覆营养土。

②在容器一侧栽植紫叶椒草、白天使网纹草。

③在容器的另一侧栽植阿波线蕨。

④在两侧植物中间的营养土上，靠近瓶壁铺小块的苔藓，中间留白空出小路的位置。

⑤在容器中间裸露的营养土上铺粗粒黄沙石子，并用小石块做石阶。

⑥给植株浇水喷雾，摆放小梅玩偶，作品完成。

13. 鹿慕溪水

“我的心切慕你，如鹿切慕溪水。”

林深处，小溪边，停着一只鹿，鹿的眼睛里盛放着世界上所有的纯洁与美好。

容器：蛋形玻璃容器

基质：火山岩、干水苔、营养土

铺面：苔藓、粗粒蓝沙、松皮石、细白沙、小鹿等

植物：阿波线蕨、白天使网纹草、丛林网纹草

操作步骤：

①准备容器，底层铺火山岩，上面铺浸湿的干水苔，并覆营养土，前低后高做成坡面。

②在容器最里面贴壁栽植小棵的阿波线蕨。

③在阿波线蕨的两边分别栽植白天使网纹草和丛林网纹草。

④在容器壁右侧铺苔藓，放置小块松皮石。

⑤在容器左侧贴着白天使网纹草铺苔藓，注意不要铺满，中间留出小溪的位置，在瓶口处栽植一小丛网纹草，增加作品的深度。

⑥用粗粒蓝沙铺设中间空出的营养土，形成小溪流。

⑦在粗粒蓝沙上面撒一点点细白沙，让小溪流变得有动感，好似波光粼粼的感觉。

⑧给容器内每株植物浇水，整体喷水并擦拭容器壁，摆放小鹿等摆件，作品完成。

14. 小兔子的蘑菇屋

小兔子拥有着自己的小天地，万棵植物拥护着它，有蘑菇屋为伴，才不会觉得孤单。

容器：带盖玻璃瓶

基质：火山岩、干水苔、营养土

铺面：苔藓、粗粒黄沙石子、松皮石、小兔子等

植物：印度冬青、紫叶椒草、白天使网纹草、绯云网纹草、金丝雀蕨、翠云草、粉安妮网纹草、森林火焰网纹草

操作步骤：

①准备容器，底层铺火山岩，上面铺浸湿的干水苔，并覆营养土，前低后高做成坡面。

②在营养土中间靠后放置一块松皮石。

③在松皮石的一侧种植印度冬青，另一侧种植紫叶椒草。

④在印度冬青前面点缀一两棵网纹草，并在前后栽植金丝雀蕨和翠云草，注意留出石子路和铺苔藓的位置。

⑤用小块苔藓将植物和瓶壁间空隙填满，注意要用镊子轻压，将苔藓根部和营养土贴合。

⑥粗粒黄沙石子铺在前面营养土，一直延伸到松皮石。

⑦如果觉得颜色太单一，可以在绿色翠云草旁边点缀一小点粉色或红色的网纹草，增加作品的活泼感。

⑧给容器内每株植物浇水，整体喷水并擦拭容器壁，摆放小兔子等摆件，作品完成。

15. 女孩和羊

青青草地绿油油，踩上去软绵绵的，小羊一家悠闲地吃着草，抬头看见不远处一位女孩在注视着它们，眼睛里充满着对这个世界的好奇。

容器：支架吊瓶容器

基质：火山岩、干水苔、营养土

铺面：苔藓、粗粒黄沙石子、小栅栏、小羊、小女孩等

植物：扇叶铁线蕨、绿海岸、森林火焰网纹草、夏莲网纹草、花叶络石

操作步骤：

①准备容器，将圆形吊瓶从架子上取下来放桌面上，顶端挂钩很易碎，注意轻拿轻放。在底层铺火山岩，上面铺浸湿的干水苔，并覆营养土，前低后高做成小坡面。

②在容器最里面靠壁栽植一棵低矮的扇叶铁线蕨。

③容器前开口处靠右栽植一棵绿海岸。

④在容器左侧沿瓶壁栽植几棵森林火焰网纹草，并用小棵的夏莲网纹草点缀。

⑤在扇叶铁线蕨和绿海岸之间栽植明亮的黄绿色花叶络石，使得作品在色彩上有了深浅及明暗程度的变化，增加作品颜色层次。

⑥用苔藓铺设瓶口处裸露的营养土，并在瓶壁和植物间的营养土上添加粗粒黄沙石子，使作品显得干净整洁。给容器内每株植物浇水，整体喷水并擦拭容器壁。最后将小羊和女孩玩偶摆到合适的位置，玩偶下面可用热熔胶粘贴小插针，然后轻轻扎到土里固定。

16.江上渔者

夕阳西下，余晖映红了西边的天空。澄清的湖水上，飘来一只小船，渔夫驶过桥洞，遂愿而归。顺桥而下，是一侧竹林满院；顺桥而上，是一侧郁郁葱葱。

容器：苹果形玻璃缸

基质：火山岩、干水苔、营养土

铺面：苔藓、白沙砾、粗粒黄沙石子、小船、小石桥、小茅屋

植物：阿波线蕨、袖珍椰子、森林火焰网纹草、花叶络石、粉安妮网纹草、夏莲网纹草、翠云草

操作步骤：

①准备容器，依次铺入火山岩、浸湿的干水苔、营养土，形成两侧高中间低的小沟。

②靠近容器壁一侧靠后栽植阿波线蕨，另一侧靠玻璃缸一角栽植袖珍椰子。

③阿波线蕨植株下面用森林火焰网纹草和花叶络石形成高低对比，另一侧袖珍椰子下面栽植粉安妮网纹草、花叶络石、夏莲网纹草。

④左侧小坡用翠云草覆盖前面的营养土，右侧小坡用苔藓铺设，中间留出水流的位置。

⑤用白沙砾填满中间的小沟，作出河流。

⑥摆放小石桥、小船、小茅屋等摆件，给每株植物浇水，整体喷水并擦拭容器壁，作品完成。

17.相伴到老

我能想到最浪漫的事，就是和你一起慢慢变老，一起伴着夕阳的余晖，在花丛旁诉说着往事。

容器：坡面四方缸

基质：火山岩、干水苔、营养土

铺面：苔藓、粗粒黄沙石子、松皮石、小栅栏、小房子、老夫妇

植物：夏雪银线蕨、嫣红蔓、翠云草、粉安妮网纹草、紫叶椒草、花叶络石、森林火焰网纹草、青叶心形常春藤

操作步骤：

①准备容器，底层铺火山岩，上面铺浸湿的干水苔，并覆营养土，前低后高做成坡面。

②沿方缸的后壁靠左栽植株形较高的夏雪银线蕨，较低植物嫣红蔓、粉安妮网纹草。

③再沿着后壁栽植翠云草、花叶络石。

④继续添加紫叶椒草、网纹草、小块苔藓，再把小房子、松皮石摆放到合适的位置。选用的植物可以与图示不同，只要是生长习性相近，可随意搭配自己设计，注意植物的高低错落和色彩搭配即可。

⑤将两边的植物分别用白色小栅栏围起来，中间形成一片空地。

⑥为了增加作品的深度，在前面一角栽植一棵常春藤，柔美的线条修饰方形容器的棱角，使作品显得更饱满生动。

⑦用粗粒黄沙石子装饰中间裸露的营养土，摆放老夫妇摆件。为每株植物浇水，整体喷水并擦拭容器壁，作品完成。

18. 雨后花园

雨后清新的空气弥漫了整个花园，树叶尖儿上挂着晶莹剔透的水珠，小草上滚落了折射着光芒的珍珠。明亮欢快的花朵竞相开放，瓢虫慵懒地趴在叶子上沐浴着阳光，向日葵永远追随着太阳，龙猫撑着伞悠闲地转起了圈。

容器：马蹄口玻璃瓶

基质：轻石、干水苔、营养土

铺面：苔藓、粗粒黄沙石子、小龙猫、小栅栏、小蘑菇、小瓢虫、小石阶、小猫头鹰

植物：双线竹芋、西瓜皮椒草、绯云网纹草、姬凤梨、金丝雀蕨、粉安妮网纹草、星点木

操作步骤：

①准备容器，底层铺轻石，上面铺浸湿的干水苔，并覆营养土。

②沿着容器的浅边栽植几株双线竹芋，旁边栽植矮一点的西瓜椒草。

③绯云网纹草分散着点缀几棵。

④在网纹草之间种植姬凤梨、金丝雀蕨。

⑤铺小块苔藓，也可根据需要继续栽植网纹草。

⑥竹芋和西瓜皮椒草之间的空隙，栽植星点木，亮丽的黄色和绿色、紫色形成对比。

⑦苔藓贴着瓶壁填充植物和瓶壁间裸露的营养土。

⑧用苔藓铺设容器中部营养土，要留出石子路的位置。

⑨用粗粒黄沙石子铺设容器中间的小路，再把瓶壁和植物间裸露的营养土都用粗粒黄沙石子装饰，使作品整体显得更整洁。

⑩给容器内每株植物浇水，整体喷水并擦拭容器壁，摆放各式摆件，作品完成。

19. 精灵音乐节

每当夏至来临，森林精灵们都要举办盛大的音乐节。树精灵的游牧部落聚集到森林中心，仰望苍天，目送真神的星座渐渐消逝在北方天际的光芒中。他们痛饮橡子酒，在篝火旁吹奏着，敲着鼓，载歌载舞。

容器：斜口圆缸

基质：轻石、干水苔、营养土

铺面：苔藓、粗粒黄沙石子、粗粒蓝沙、松皮石、小鹿等

植物：青纹竹芋、彩叶草、狼尾蕨、紫叶椒草、森林火焰网纹草、绯云网纹草、夏莲网纹草、紫安妮网纹草、金丝雀蕨

操作步骤：

①准备容器，底层铺轻石，上面铺浸湿的干水苔，并覆营养土，前低后高做成坡面。

②将彩叶草分株，沿着瓶壁较高的一侧贴壁栽植。

③小心将青纹竹芋分株，并摘除老叶烂叶，分别栽植于彩叶草前的两侧。

④在竹芋旁边栽植低矮的狼尾蕨、紫叶椒草，放置小屋摆件。

⑤各种颜色网纹草、金丝雀蕨分散着栽植在前面的营养土上。

⑥铺设小块苔藓，注意留出道路和小溪的位置。

⑦用粗粒黄沙石子在苔藓之间铺小路，注意瓶壁和植物间裸露的营养土也要铺石子。

⑧用粗粒蓝沙铺小溪，并放置小鹿摆件。

⑨给容器内每株植物浇水，整体喷水并擦拭容器壁，作品完成。

20. 龙猫花园

小溪缓缓而下，龙猫坐在木桥上仰望天空，感受到的是阳光拥抱大地的余温，是透过叶缝洒落于地的阴影。

容器：大肚玻璃瓶

基质：火山岩、干水苔、营养土

铺面：苔藓、珊瑚木、粗粒蓝沙、白沙、小蘑菇、小龙猫

植物：阿波线蕨、嫣红蔓、嫣白蔓、翠云草、绯云网纹草、森林火焰网纹草、夏雪银线蕨

操作步骤：

①准备好干净整洁的玻璃容器，底层铺一层火山岩，再均匀地铺浸湿的干水苔，营养土前低后高铺在水苔上。

②靠容器后壁栽植阿波线蕨。在阿波线蕨植株下方栽植嫣红蔓、翠云草、嫣白蔓。

③准备一根珊瑚木，摆放到容器内合适的位置。铺苔藓，点缀栽植绯云网纹草、森林火焰网纹草、夏雪银线蕨。

④用粗粒蓝沙铺设裸露的营养土，形成小溪流。在粗粒蓝沙上散入薄层细白沙，使小溪变得灵动不死板。

⑤给容器内每棵植物浇水，并整体喷水，将容器壁的水珠擦拭干净，摆放龙猫和蘑菇摆件，作品完成。

21. 海边一景

风迎面吹来，凉凉的，沁入心底，把酷暑炎热全都带走了。平静的海面在阳光的照射下，波光粼粼。帆船遨游在海上，在岸的那边，郁郁葱葱的树林里，是可以一步步到达的梦幻城堡。

容器：圆柱缸

基质：火山岩、干水苔、营养土

铺面：苔藓、粗粒黄沙石子、粗粒蓝沙、细白沙、松皮石、小栅栏、小石桥、小房子、小石阶、小海星、小帆船、小企鹅、小风车

植物：南天竹、七彩铁、罗汉松、狼尾蕨、彩叶草、夏莲网纹草、白天使网纹草、紫安妮网纹草、夏莲网纹草、袖珍椰子

操作步骤：

①准备玻璃缸，依次铺入火山岩、水苔、营养土。

②靠近容器后壁栽植南天竹，一侧栽植七彩铁。

③分散栽植罗汉松、袖珍椰子、狼尾蕨、彩叶草。

④继续添加白天使网纹草、彩叶草、紫安妮网纹草、夏莲网纹草、森林火焰网纹草。

⑤沿着瓶壁，将植物和瓶壁间裸露的营养土用苔藓覆盖，注意中间留白。

⑥先用粗粒黄沙石子铺设中间留出的营养土，再用粗粒蓝沙覆盖，上面撒一些细白沙，做出海水的效果，放置珊瑚石，摆放海星、帆船、企鹅等摆件。

⑦在后面的坡上摆放小房子，依次摆放粘好插针的小石阶。插针可用热胶棒粘贴于石阶下方，这样容易将其插到土里固定。

⑧给每株植物浇水并整体喷水，将瓶壁内外的水珠擦拭干净，作品完成。

22. 晨游古寺

初升的太阳照耀着茵茵绿地，一条小溪蜿蜒而下，溪水清澈，青山焕发，袅袅的钟磬声时隐时现。曲径通幽处，现一座古寺。如此清幽之地，使人万念俱消，豁然开朗。

容器：不规则厚壁玻璃容器
基质：粗粒黄沙石子、营养土、干水苔
铺面：小石块、苔藓、粗粒黄沙石子、细白沙等
植物：红艳网纹草、森林火焰网纹草、粉安妮网纹草、金丝雀蕨

操作步骤：

①因为容器纵深较深，可将瓶子横置设计。先将容器竖置，底层铺粗粒黄沙石子，上面铺营养土。

②将瓶子横置，底层基质倾斜，从营养土到瓶口处铺一层粗粒黄沙石子，上面铺浸湿的干水苔，再铺营养土。

③将土层铺成一个自然的坡面，做出高低不平的效果，再随意摆放一些小石块，模拟自然山石。

④用长镊子夹着小块苔藓从容器最里面开始，逐渐向瓶口有层次地铺设，中间留出小溪流的位置。注意每块苔藓都要和营养土贴合，保证成活率。

⑤在苔藓和石块的缝隙中点缀各种颜色的网纹草。

⑥栽植金丝雀蕨，亮绿色点缀其间，增加同系色彩的层次感。

⑦根据作品整体需要，继续添加网纹草或铺设苔藓。

⑧用小铲子给裸露的营养土铺设粗粒黄沙石子。在黄沙石子上铺设细白沙，做出小溪流的效果。

⑨用弯嘴挤压式喷壶为植物浇水，容器内整体喷水，擦拭干净容器内外壁的水珠，摆放寺庙摆件，作品完成。

【木质容器作品】

23. 闲情逸致

天蓝色代表宁静、清新、自由，介乎蓝色和深蓝色之间，英语中天蓝色（Azure）一词来源于法语，法国人常以这种颜色描述地中海。我们用这款天蓝色的木盒，搭配简单的植物、小房子、小鸭，来感受休闲的心情，安逸的兴致。

容器：蓝色木盒

基质：轻石、干水苔、营养土

铺面：苔藓、粗粒蓝沙、小鸭、小房子、小海螺

植物：袖珍椰子、嫣白蔓、粉安妮网纹草、夏莲网纹草

操作步骤：

①准备好木盒，底层依次铺轻石、浸湿的干水苔、营养土。

②取出袖珍椰子，轻轻从根部分开，分出所需要的部分，栽到木盒的左上角。

③将嫣白蔓分株，过长的根部可以修剪，栽到木盒右上角，形成高低层次。

④在盒子前侧，左右两边分别栽种粉安妮网纹草、夏莲网纹草，高低颜色都有错落。

⑤用镊子铺苔藓，注意留出小溪的位置。

⑥将裸露的营养土用粗粒蓝沙铺均匀。

⑦给植物浇水，点缀房子、小鸭、海螺等摆件，作品完成。

24.思考的小和尚

小和尚在一片花红柳绿中打坐，摒弃外界一切色彩声音，沉浸于自己的世界，平静、安详。

容器：长方形木盒

基质：火山岩、干水苔、营养土

铺面：苔藓、鹿沼土、小石块、小和尚

植物：阿波线蕨、绿地珊瑚蕨、绯云网纹草、白天使网纹草

操作步骤：

①准备好容器，底层铺火山岩，再用浸湿的干水苔压实，上面铺营养土。

②在木盒一侧栽植阿波线蕨，另一侧栽植绿地珊瑚蕨。

③在阿波线蕨和绿地珊瑚蕨的两边，分别栽植比它们稍矮的植物白天使网纹草和绯云网纹草。

④在盒子中间的营养土上，按造景的需要铺苔藓，留出铺石子路的空间。

⑤在苔藓缝隙的营养土上铺鹿沼土，形成小路。

⑥为植物浇水，摆放小和尚摆件，作品完成。

25.园香柏里

春天到了，植物开始发芽，到处都是花红柳绿。河水开始流动起来，小鸭子在里面欢快地游着，享受着温暖的阳光，小松鼠也出来玩耍，站在石头上静静地啃食着果实。

容器：方形木盒

基质：火山岩、营养土

铺面：苔藓、粗粒黄沙石子、粗粒蓝沙、白沙、小石块、小栅栏、小海螺、小鸭、小松鼠

植物：香松、粉安妮网纹草、丛林网纹草

操作步骤：

①准备好木盒，在盒底铺火山岩、营养土。

②在木盒的一角栽植一株香松，并把树下的营养土培成小土堆。

③用一些形态各异的小石块随意摆放在营养土上，粉安妮网纹草也可随意栽植两三株，没有什么规矩，越自然越好。

④用镊子在石块和粉安妮网纹草间铺苔藓。

⑤在盒子另一边栽植丛林网纹草，并在植物和石块之间铺苔藓。

⑥用苔藓把香松植物下的营养土覆盖，铺苔藓时注意中间留出河流的位置，再用栅栏做围挡装饰。

⑦将裸露的营养土用粗粒黄沙石子铺盖，形成河流的基底。

⑧在黄石子基底上铺粗粒蓝沙形成小河流，并在上面撒些细白沙，营造波光粼粼的感觉，使河流显得更自然。

⑨给植株浇水，摆放小鸭、小松鼠、海螺等摆件，作品完成。

26. 守护向日葵

小龙猫精心呵护着它的向日葵。在它的秘密花园里，花花绿绿的植物，小栅栏围起来的守护，洋溢着清新，心存着关怀。

容器：蓝色木盒

基质：轻石、干水苔、营养土

铺面：苔藓、粗粒黄沙石子、小栅栏、小龙猫、小松树房子、小指示牌等

植物：彩叶草、白天使网纹草、粉安妮网纹草、夏莲网纹草、紫安妮网纹草、花叶络石、紫叶椒草、五彩苏

操作步骤：

①准备木盒，依次铺轻石、水苔、营养土。

②在盒子左边栽植彩叶草、白天使网纹草。

③添加粉色网纹草，用白色栅栏将右边土壤隔开形成小区域。

④左边继续添加网纹草，白色栅栏里栽植花叶络石。

⑤栽植紫叶椒草、五彩苏。

⑥用小块苔藓铺在营养土上，空出铺石子的位置。

⑦在裸露的营养土上铺粗粒黄沙石子，摆放小龙猫等摆件，为植物浇水，作品完成。

【陶瓷容器作品】

27. 花田怪圈

小黄人被层层花丛围住，陷入了神秘的“花田怪圈”，看起来非常享受这里的一切。

容器：敞口陶花盆

基质：轻石、营养土

铺面：粗粒黄沙石子、苔藓、小栅栏、小黄人

植物：彩叶草、粉安妮网纹草、金丝雀蕨、森林火焰网纹草

操作步骤：

①准备好花盆，底部铺薄层轻石，因为容器底部有出水孔不怕积水，所以可以不铺干水苔，直接铺营养土。

②用苔藓沿花盆边做一圈造型，每个苔藓围成的小三角里，栽植一株粉安妮网纹草，中间种植彩叶草植株。

③在每个间隔栽植一小丛金丝雀蕨，形成重复排列，再围绕中间的彩叶草铺一圈苔藓。

④在彩叶草和苔藓中间的空白处添加森林火焰网纹草，并用白色小栅栏围挡。

⑤在裸露的营养土上铺粗粒黄沙石子，形成一圈环形小石子路，中间摆放小黄人等摆件，给植株浇水，作品完成。

28. 三生石前定三生

最美的是瓜田李下，青梅煮酒话桑麻。三生石畔与你缘定三生，许下诺言："愿倾此生之愿，许你一世欢颜。"

三生石上的爱情，见证地老天荒。

容器：白色瓷盆

基质：营养土

铺面：苔藓、栅栏、新娘新郎、小石块、小羊

植物：紫叶椒草、狼尾蕨、白天使网纹草、绯云网纹草、粉安妮网纹草

操作步骤：

①准备白瓷盆，铺营养土，中间做成小土堆。因盆底有出水孔，不需垫底石，可直接装土。

②盆中央栽植紫叶椒草，盆边插绿色栅栏，并沿着盆边栽植各种网纹草。

③花盆一侧栽植株形较矮的狼尾蕨。

④围着紫叶椒草铺一圈苔藓，并用粉色栅栏围起来。在粉色栅栏外再铺一圈苔藓，同样用栅栏围挡，石块点缀。最外圈也用苔藓填满，整个作品形成一圈圈苔藓围起来的小坡面。

⑤给植物浇水，添加小石阶、玩偶等，作品完成。

29. 宁静村庄

黎明时分，宁静的村庄完全笼罩在晨雾之中。稻草人立在风中，屋舍俨然，树木亭亭如盖。没有喧闹，没有车水马龙，只有田园中的一分安宁。

容器：红陶碗

基质：营养土

铺面：苔藓、松皮石、栅栏、小茅屋、粗粒黄沙石子、稻草人

植物：文竹、丛林网纹草

操作步骤：

①准备红陶碗，铺营养土，靠后栽植文竹。

②用栅栏、小茅屋、松皮石等点缀文竹前的空地。

③铺设苔藓，注意留白。

④在苔藓、石块之间点缀红色的丛林网纹草。

⑤在裸露的营养土上铺满粗粒黄沙石子，浇水，作品完成。

30. 蘑菇精灵

蘑菇精灵是魔仙堡精灵花园中的精灵，居住在隐蔽的地方，专门负责留意精灵花园中发生的一切，默默保卫着魔仙堡。很多人不知道他们的存在，是秘密的保卫者。

容器：绿瓷花盆、灵芝

基质：水苔、营养土

铺面：苔藓、松皮石、珊瑚木、栅栏、粗粒黄沙石子、小蘑菇精灵、小瓢虫、小木屋、小石块

植物：阿波线蕨、扇叶铁线蕨、卷柏、金丝雀蕨、白天使网纹草、红艳网纹草、绯云网纹草、心叶常春藤

操作步骤：

①准备瓷盆，用大陶粒塞盆底出水口，铺一层水苔，并铺营养土。

②取一株造型别致的灵芝，固定于容器一侧的营养土中。

③栽植扇叶铁线蕨、白天使网纹草。

④用水苔包裹阿波线蕨的根部，并将其塞进灵芝盖顶端的空隙里固定好，再用苔藓覆盖，灵芝盖上的其他空隙也用苔藓填塞。将营养土堆成小坡延伸至灵芝盖，并用苔藓顺着小坡铺设，和灵芝盖上的苔藓相连。

⑤在另一侧扇叶铁线蕨前摆放珊瑚木，后面栽植心叶常春藤、红色网纹草。在苔藓两边栽植金丝雀蕨。沿着坡面依次栽植卷柏，不同植物之间做出高低层次和色彩层次。在植物间点缀红艳网纹草。

⑥用苔藓铺设作品后面的营养土，中间留出铺石子的位置。用粗粒黄沙石子铺中间的营养土，摆放蘑菇精灵等摆件，给每株植物浇水，作品完成。

31.山脚下，小河边

小村庄位于山脚下，掩映在密林里，格外安静。依山傍水中，静听小河细语、莺啼鸟啭。一条小河从山脚下经过，几只鸭子悠闲地浮在水面上，不远处一位渔翁独自垂钓。山上一座塔独自伫立，寂寥恰似无人到。

容器：陶瓷盆景盆

基质：水苔、营养土

铺面：苔藓、粗粒黄沙石子、粗粒蓝沙、细白沙、赤玉土、小石块、小栅栏、上水石、小茅屋、渔翁、小塔、小鸭、小桥

植物：青纹竹芋、罗汉松、星点木、翠云草、绯云网纹草、椒草、狼尾蕨、白天使网纹草、粉安妮网纹草

操作步骤：

①准备盆景盆，用大陶粒塞盆底出水口，铺一层水苔，并铺营养土。

②沿盆后右侧栽植一排青纹竹芋，靠前再栽植一排罗汉松。竹芋的后侧栽植几株星点木，提亮颜色。

③盆后侧靠左摆放一块上水石，并在石头一旁栽植星点木、翠云草。绿色植株下面，零星点缀红色网纹草。

④盆前侧靠左栽植一株椒草，另一侧靠近罗汉松栽植狼尾蕨。

⑤用栅栏将后面的植物和前面分隔，并栽植白天使网纹草、粉安妮网纹草。

⑥前面铺粗粒黄沙石子，并用小石块摆出河沿。用粗粒蓝沙铺小河。

⑦在上水石的较大空隙里铺苔藓。用小块苔藓铺设裸露的营养土。

⑧在粗粒蓝沙上撒一些细白沙，并用镊子轻轻拨开，使河流生动起来，好像有波光粼粼的感觉。

⑨在栅栏围起来的空地上摆放小茅屋、钓鱼老翁、小塔、小鸭等摆件，将作品两侧和后面裸露的营养土用赤玉土覆盖，浇水，作品完成。

32. 子曰："非礼勿视，非礼勿听，非礼勿言，非礼勿动。"

颜渊问仁。子曰："克己复礼为仁。一日克己复礼，天下归仁焉。为仁由己，而由人乎哉？"颜渊曰："请问其目。"子曰："非礼勿视，非礼勿听，非礼勿言，非礼勿动。"颜渊曰："回虽不敏，请事斯语矣。"

——《论语·颜渊》

容器：陶瓷小浅盘

基质：水苔、营养土

铺面：苔藓、粗粒黄沙石子、粗粒蓝沙、细白沙、松皮石、小和尚

植物：红艳网纹草、森林火焰网纹草

操作步骤：

①准备好小瓷盘，下面铺水苔，上面铺营养土。

②在营养土上铺苔藓，植网纹草，摆放松皮石。可自行设计四种不同的样式，用粗粒蓝沙、黄石子、火山岩、白沙装饰，再摆放小和尚摆件。

③为植物浇水、喷水，作品完成。

【塑料或树脂容器作品】

33.故乡的红叶

远离家乡，孤独时每看到红叶，就会觉得这一景一物一草一木，都让人牵心挂肠。坐在长椅上，感受着迎面吹来的风，秋风瑟瑟，红叶摇曳于风中，吹落了一地的思念。

容器：白塑料花盆

基质：轻石、水苔、营养土

铺面：苔藓、粗粒黄沙石子、小石块、小栅栏、小蘑菇、长椅

植物：红叶石楠、心叶常春藤、金丝雀蕨、丛林网纹草、红艳网纹草、翠云草

操作步骤：

①准备好容器，最底下铺一层轻石，上面铺水苔，并铺营养土。

②在容器中间偏后栽植一株红叶石楠。

③在红叶石楠一侧栽植心叶常春藤。

④栽种小丛金丝雀蕨和翠云草。铺小块苔藓，并点缀几株网纹草，留出铺石子的位置。

⑤用粗粒黄沙石子铺设裸露的营养土，放小石块。

⑥给植物浇水，并摆放栅栏、小蘑菇、长椅等摆件，作品完成。

34. 熊猫看世界

深处之间是色彩斑斓的世界，熊猫探出头看到的是一望无际的蓝天。顺梯而上，广阔无垠的天地在向你招手，两只小羊在聊什么呢？

容器：树脂异形花盆、灵芝

基质：火山岩、水苔、营养土

铺面：苔藓、粗粒黄沙石子、小石块、小栅栏、蘑菇房、熊猫、小羊

植物：傅氏蕨、金丝雀蕨、嫣红蔓、白天使网纹草、印度冬青蕨、森林火焰网纹草、粉安妮网纹草、红艳网纹草、绯云网纹草、丛林网纹草

操作步骤：

①准备好容器，在容器高低两个平面底下各铺一层火山岩，上面铺水苔，并铺营养土。

②在上层营养土里固定一株灵芝，栽植傅氏蕨和金丝雀蕨。在傅氏蕨前后栽植绯云网纹草、嫣红蔓、白天使网纹草。

③用水苔包裹傅氏蕨的根部，栽植到灵芝盖中间的孔里，并用苔藓将灵芝盖的缝隙塞满。

④在下层营养土里栽植印度冬青蕨，并在旁边栽植森林火焰网纹草，铺苔藓，铺黄石子。

⑤在上下空间的连接处，放置一小段栅栏做的梯子，栽植森林火焰网纹草，并在上层营养土上铺苔藓。

⑥在上层营养土里继续铺苔藓，并点缀栽植各种颜色的网纹草，放置小石块和蘑菇房。

⑦从下往上用栅栏搭一个梯子，延伸到灵芝上。

⑧放置小羊、熊猫等摆件，为每株植物浇水，作品完成。

【石头容器作品】

35. 一石独立

一石独立，三五植物相伴，一抹红点于心，清幽感油然而生。

容器：陶瓷盆、上水石

基质：水苔、营养土

铺面：苔藓

植物：罗汉松、印度冬青蕨、森林火焰网纹草

操作步骤：

①准备容器，底层铺水苔，上面铺营养土。
②准备一块上水石，放到花盆中间固定。
③在石头后面栽植罗汉松，前面栽植印度冬青蕨。
④沿着上水石周边，用苔藓铺设营养土。
⑤用镊子将苔藓塞到上水石的小洞里。
⑥在苔藓之间点缀红色的森林火焰网纹草。
⑦给植物浇水，给上水石喷水，作品完成。

36. 石缝里的绿

绿色从石缝中冒了出来，斑斑点点，在缝中生长出来的植物，它们带着大自然的馈赠和顽强的生命力。

容器：上水石

基质：水苔、营养土

铺面：苔藓

植物：狼尾蕨、白天使网纹草、绯云网纹草、红艳网纹草、森林火焰网纹草、钻石翡翠吊兰、金心吊兰

操作步骤：

①准备一块形状合适的上水石。

②用水苔包裹狼尾蕨的根部，塞种在上水石的洞里。

③水苔包裹白天使网纹草，种在上水石中。

④同样的方法，继续栽种绯云网纹草、红艳网纹草、森林火焰网纹草。继续塞种钻石翡翠吊兰、金心吊兰。

⑤用镊子夹着小块苔藓，塞进上水石的小孔中。

⑥塞完苔藓的上水石，可置于一盆景盆中，盆里加水、或可养鱼。由于上水石的吸水能力很强，并能散发湿气，故植物、苔藓均可生长。

37. 不可说

青苔点点的古朴农舍、岁月雕刻的青石瓦砾，小和尚坐在草地上静静打坐。不可说，一切中知一，一中知一切。不可说，无心恰恰用，用心恰恰无。

容器：火山岩

基质：水苔、营养土

铺面：苔藓、小和尚、小石块、小农舍等

植物：阿波线蕨、绿海岸、森林火焰网纹草、粉安妮网纹草、钻石翡翠吊兰

操作步骤：

①准备好火山岩容器，在容器表面的孔洞里塞小块苔藓。火山岩花盆，可直接购买，也可选取一块造型较好的岩石，用电钻加大理石开孔器，沾着水打孔制作。

②在孔洞处铺水苔，铺营养土。栽植绿海岸、阿波线蕨。

③用水苔包裹森林火焰网纹草根部土团，栽种在火山岩的孔隙中。栽植粉安妮网纹草。

④铺设苔藓、粗粒黄沙石子，用小石块装饰。

⑤栽种钻石翡翠吊兰，并在火山岩花盆外的小块平台处铺设苔藓。

⑥摆放小和尚、小农舍等摆件，给植物浇水，用喷壶喷湿火山岩花盆，作品完成。

【环保容器作品】

38. 牵挂

夜幕降临，男孩在路灯下等待着下班回家的女孩，女孩走在石阶上，一天工作的疲惫劳累都消失于这一刻。家，不仅是一所房子，更是牵挂、是避风港、是心灵的驿站。

容器：一次性饭盒

基质：水苔、营养土

铺面：苔藓、粗粒黄沙石子、小石阶、玩偶人物、路灯

植物：心叶常春藤、袖珍椰子、翠云草、森林火焰网纹草、花叶络石、粉安妮网纹草

操作步骤：

①将快餐盒洗干净，盒底用钉子扎眼，可透水透气。底层铺水苔，上面铺营养土。

②在餐盒一边栽植心叶常春藤、袖珍椰子、红色网纹草。

③栽植翠云草、花叶络石、各种网纹草。

④铺设苔藓，并留出铺石子的位置。

⑤摆放小石阶，铺黄石子，路灯用热熔胶粘到餐盒一边。

⑥给植物浇水，放置玩偶人物，作品完成。可用热熔胶在玩偶下面粘固定针再插进营养土里。

39. 田间远眺

小羊在草地上安安静静地吃草，远处看上去像一团团白白的云朵。两只小羊一同看向远方，注视着天空……

容器：饼干铁盒

基质：水苔、营养土

铺面：苔藓、粗粒黄沙石子、小石阶、小房子、小羊等

植物：垂叶榕、森林火焰网纹草、翠云草、花叶络石、粉安妮网纹草

操作步骤：

①将饼干盒洗净，盒底用钉子扎眼，可透水透气。底层铺水苔，上面铺营养土。

②靠盒子后面栽种花叶榕。花叶榕下放置石块、房子，栽种森林火焰网纹草。

③沿盒子一边栽植翠云草，另一边栽植花叶络石。

④铺两块苔藓，留出铺石子的位置，缝隙里点缀粉安妮网纹草。

⑤用粗粒黄沙石子将营养土铺盖，放置小石阶。

⑥放置小栅栏、小羊，给植物浇水，作品完成。

参考文献

贺晓波,于红丽,等,2012.苔藓植物景观营造探讨[J].绿色科技(6):69-71.

胡人亮,1978.漫话苔藓[J].植物杂志(4): 41-43.

蒋梦云,许艳,等,2016.苔藓微景观生态空间探讨[J].现代园艺(7):118.

李秀芹,赵建成,李琳,等,2004.苔藓植物的药用研究进展[J].河北师范大学学报(自然科学版),28(6):626-630.

刘军,唐敏,2000.苔藓植物的繁殖及养护[J].花木盆景(7): 29.

刘苏,吴迪,2006.中国古籍记载的苔藓植物[J].时珍国医国药,17(5):706-707.

刘雪涵,戚朝辉,2017.苔藓微景观生态空间设计研究[J].山东林业科技,5(232):101-104.

水木三秋,2015.和水木三秋一起玩苔藓[M].北京:中国水利水电出版社.

张卫军,2017.苔藓微景观设计制作及养护管理[J].农业与技术,37(5):130-132.